食品雕刻图解

SHI PIN DIAO KE TU JIE

主编／谭顺捷　杨罗银

电子工业出版社·

Publishing House of Electronics Industry

北京·BEIJING

内 容 简 介

本书全面讲解食品雕刻的方法和技巧。全书依据"实际应用与创新相结合"的原则，在实用、应用、创新观念和化繁为简的理论和方法指导下，以图文解说的方式，采用创新的推、拉、刻、锯刀等技法进行教学指导，并将最实用的果蔬雕盘饰、糖艺盘饰、果蔬整雕、展台果蔬雕刻、展台果酱画、展台面塑融入其中。

本书既可作为全国应用型本科院校、高职院校、中职院校和各类培训机构相关专业的学生用书，也可作为广大食雕盘饰爱好者的自学参考书。

图书在版编目（CIP）数据

食品雕刻图解 / 谭顺捷，杨罗银主编 . —北京：电子工业出版社，2020.2

ISBN 978-7-121-38433-2

Ⅰ . ①食… Ⅱ . ①谭… ②杨… Ⅲ . ①食品雕刻—图解 Ⅳ . ① TS972.114-64

中国版本图书馆 CIP 数据核字（2020）第 024683 号

责任编辑： 祁玉芹
文字编辑： 李爽
印　　刷： 中国电影出版社印刷厂
装　　订： 中国电影出版社印刷厂
出版发行： 电子工业出版社
　　　　　 北京市海淀区万寿路173信箱　　邮编：100036
开　　本： 787×1092　　1/16　印张：8　字数：195千字
版　　次： 2020年2月第1版
印　　次： 2024年1月第4次印刷
定　　价： 48.00元

凡所购买电子工业出版社图书有缺损问题，请向购买书店调换。若书店售缺，请与本社发行部联系，联系及邮购电话： （010）88254888，88258888。

质量投诉请发邮件至zlts@phei.com.cn，盗版侵权举报请发邮件至dbqq@phei.com.cn。

本书咨询联系方式：qiyuqin@phei.com.cn。

编委会名单

主　编　谭顺捷　　杨罗银

副主编　黄　冲　　麦　芳　　余正权

编　委　杨再博　　黄吉模　　张敬宇

　　　　李玉军　　刘安敏

前 言

　　本书是在烹饪专业国家精品课程"冷拼与雕刻应用技术"课程教学改革开发的基础上编写而成的。全书吸收、借鉴了多家兄弟院校一线教师、培训专家的教学经验，以及在"花王"岗位一线工作的技术员的技术经验，在继承和发扬中华传统文化冷拼与雕刻的基础上加以创新，通过改进学习方法和学习方式，把"插秧式"教学模式与"分解训练"紧密结合。全书依据"实际应用与创新相结合"的原则，在实用、应用、创新观念和化繁为简的理论和方法指导下，以图文解说的方式，采用创新的推、拉、刻、锯刀等技法进行教学指导，并将最实用的果蔬雕盘饰、糖艺盘饰、果蔬整雕、展台果蔬雕刻、展台果酱画、展台面塑融入其中。全书从简到难，将典型和创新的作品结合，把传统技法和创新技法相结合，细致的图解作品的制作过程，更有效地化解了学习中经常遇到的重点和难点，更能体现以学习者为本，具有较高的科学应用和实践创新的价值。本书既可作为全国应用型本科院校、高职院校、中职院校和各类培训机构相关专业的学生用书，也可作为广大食雕盘饰爱好者的自学参考书。由于食品雕刻技法及各类盘饰应用、烹饪专业各类展台制作等流派众多，技术和创意的发展更是日新月异，加上限于本团队学识范围及对博大精深的烹饪工程的理解有限，本书有不尽完善或有遗漏之处在所难免，恳请各位读者批评指正。

目录

目录

食品雕刻造型基础知识

第一章 食品雕刻的概念与发展

1.1 食品雕刻的概念

食品雕刻（简称食雕），是中国烹饪中的一项独特刀工技艺，具有较高的工艺美术价值。它是菜点造型、成品装盘、宴台设计等装饰艺术，也是烹饪中刀工造型非常高的表现形式之一。食雕涉及的内容形式广泛，所用刀具技术特殊，因而成品造型千变万化，起到美化菜肴、装饰筵席的作用。

食雕是一种综合造型的艺术形式，制作时主要以刀具为主，吸收了木刻、金石、剪纸、雕塑、牙雕等造型工艺的有关方法，通过切、削、桤、铲、掏、透雕、拼接等手法，创制出具有优美造型的食雕成品。

近些年来，食雕技艺发展很快，为菜肴和高档筵席起了很好的美化的作用；同时，人们对食雕的认识逐步转变，开始重视食雕的食用性，使食雕成品既可观赏，又可食用。在国际性的高档筵席上，食雕艺术品显示了中国烹饪的精湛技艺，体现了中华民族的文明高度，得到世界各国贵宾的高度称赞。

1.2 食品雕刻的发展

《管子》一书中曾提到"雕卵"，即在蛋上进行雕画，这可能是世界上最早的食品雕刻。其技后世沿之，直至今天。

隋唐时期，厨师在酥酪、鸡蛋、脂油上进行雕镂，装饰在饭的上面。

宋朝时期，席上雕刻食品成为风尚，所雕的对象为果品、姜、笋等制成的蜜饯，造型为千姿百态的鸟兽虫鱼与亭台楼阁。

清代乾隆、嘉庆年间，扬州的筵席上，厨师雕有西瓜灯，专供欣赏，不供食用；北京中秋赏月时，往往雕西瓜为莲瓣；此外更有雕为冬瓜盅、西瓜盅者。冬瓜盅以广东为著名，瓜皮上雕有花纹，瓢内装有美味，赏瓜食馔，独具风味。

以上这些，都体现了中国厨师高超的技艺与巧思，与工艺美术中的玉雕、石雕一样，是一门充满诗情画意的艺术，被外国朋友赞誉为"中国厨师的绝技"和"东方饮食艺术的明珠"。

第二章 食品雕刻的分类与基本操作技法

2.1 食品雕刻的分类

食品雕刻所涉及的内容非常广泛，品种多种多样，采用的雕刻形式也有所不同，大致可分为如下四种。

※ 折叠整雕

折叠整雕（简称整雕），又称为立体雕刻，就是把雕刻原料刻制成立体的艺术形象，在雕刻技法上难度较大，要求也较高，其具有真实感和使用性强等特点。

※ 折叠浮雕

折叠浮雕（简称浮雕），顾名思义就是在原料的表面上表现出画面的雕刻方法，有阴纹浮雕和阳纹浮雕之分。阴纹浮雕是用 V 型刀，在原料表面插出 V 形的线条图案，此法在操作时较为方便；阳纹浮雕是将画面之外的多余部分刻掉，留有凸形、高于表面的图案，这种方法比较费力，但效果很好。另外，阳纹浮雕还可根据画面的设计要求，逐层推进，以达到更高的艺术效果，此法适合于刻制亭台楼阁、人物、风景等。此法具有半立体、半浮雕的特点，其难度和要求较大。

※ 折叠镂空

折叠镂空（简称镂空），一般是在浮雕（形成）的基础上，将画面之外的多余部分刻透，以便更生动地表现出画面的图案。如西瓜灯等。

※ 折叠模扣

折叠模扣（简称模扣），在这里是指用不锈钢片或铜片弯制成各种动物、植物等的外部轮廓的食品模型。使用时，可将雕刻原料切成厚片，用模型刀在原料上用力向下按压成型，再将原料一片片切开，或配菜，或点缀于盘边，若是熟制品，如蛋糕、火腿等等可直接入菜，以供食用。

食雕学习者要注意以下事项：食品雕刻新手主要的练习用具是主刀、U 型刀、插刀和白萝卜；水果拼盘时要注意填满盘子；镶边时镶嵌部分要小于整个盘子的三分之一。

食品雕刻图解

食品雕刻图解

月季花——姹紫嫣红

月季花的制作方法

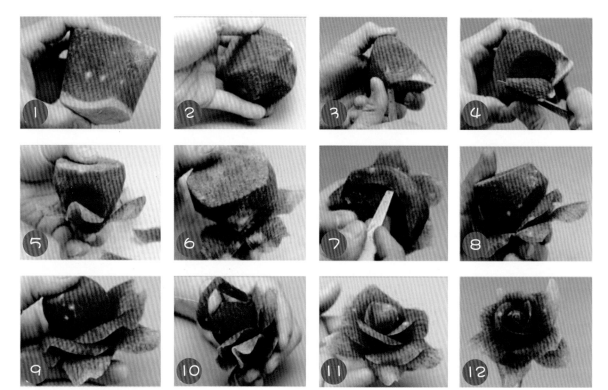

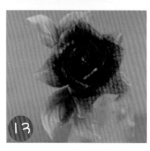

月季花的制作方法

1. 取一块合适的原料（心里美萝卜）。

2. 削出五瓣花瓣的大形。

3. 用手刀画出花瓣轮廓。

4. 用手刀削出画好的花瓣。

5. 依次削出花瓣。

6. 将削好的花瓣边缘揉出花瓣的翻卷度。

7. 用手刀使用锯刀法取出第一层废料。

8. 用手刀画出第二层的第一瓣花瓣，并取出废料。

9. 按上一步依次削出花瓣。

10. 取第三层废料。

11. 按以上方法继续削出第四层花瓣。

12. 收出花心，完成整花。

13. 制作树叶，将叶子粘到整花底部，作品完成。

《月季花——姹紫嫣红》
成品组合的方法

1. 将第一朵月季花组装到底座上。

2. 制作其余两朵月季花，将其组装到底座上，并将花略微调整。

3. 将组装好的作品再次调整，体现出作品的整体层次感。

山茶花——傲然挺立

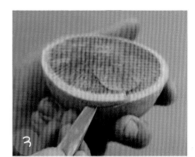

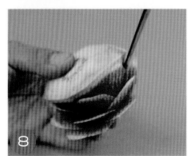
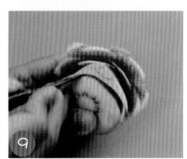

山茶花的制作方法

1. 取心里美萝卜半个。

2. 旋刀刻出第一个花瓣。

3. 在花瓣中间下刀去废料。

4. 取出废料。

5. 按以上方法刻出第一层五片花瓣，使其围成一圈。

6. 第二层花瓣去废料时要收下刀角度。

7. 每雕一片花瓣去一块废料。

8. 下刀角度逐渐向上收。

9. 直刀去废料。

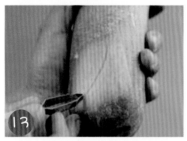
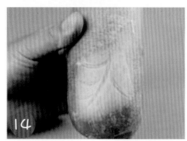

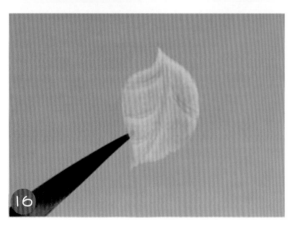

10. 直刀取花心周围花瓣。

11. 斜刀雕刻收花心。

12. 山茶花的制作完成。

13. 先去一层薄皮，使用拉刀拉出一条弧线。

14. 刻画出叶茎。

15. 去掉多余废料。

16. 取下叶子。

17. 使山茶花配上叶子。

《山茶花——傲然挺立》成品组合的方法

1. 雕出假山，安装好树枝。
2. 把花装到树枝上。
3. 配上底座。
4. 雕出树叶、小草装上，作品完成。
5. 山茶花特写。

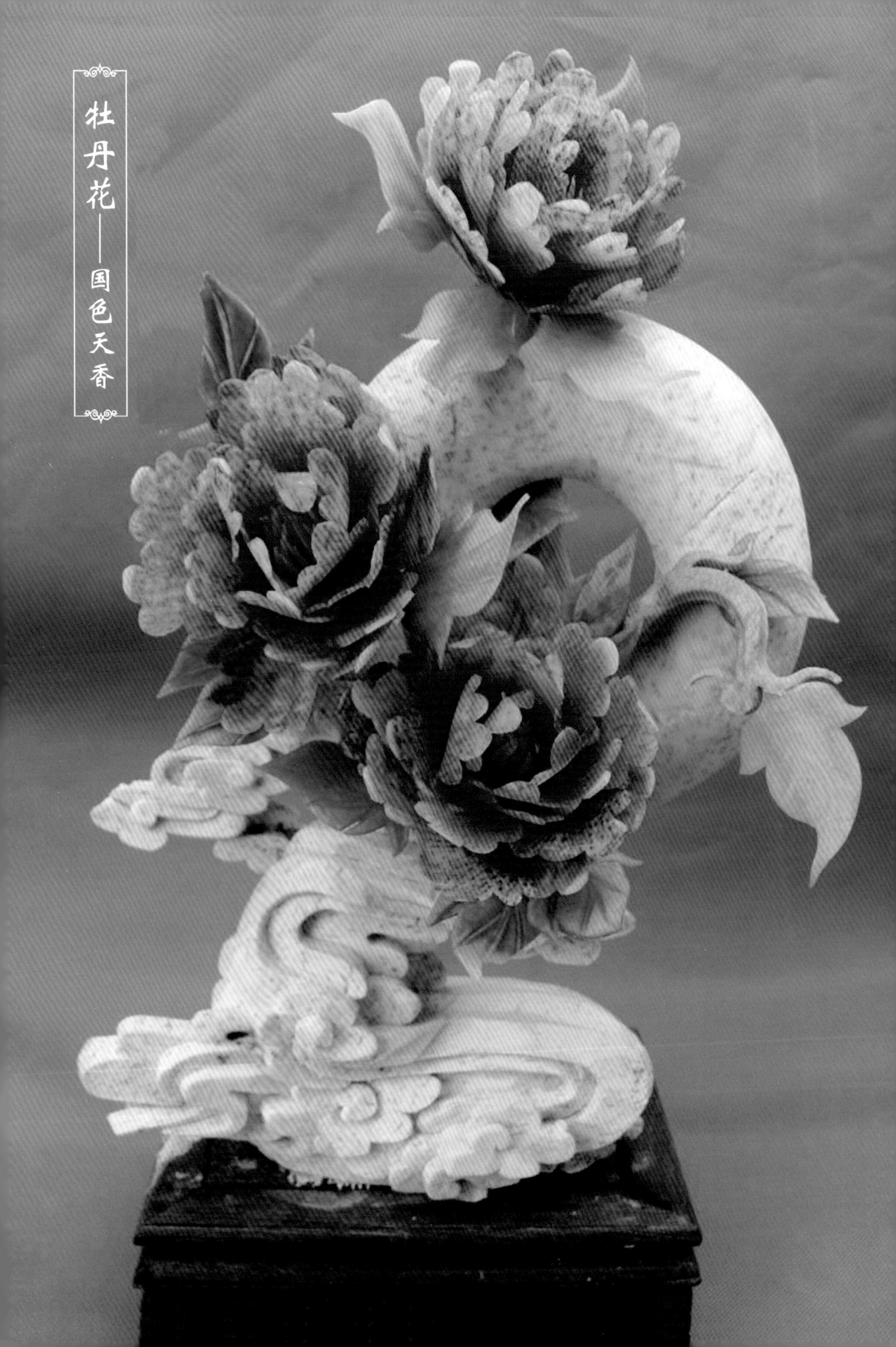
牡丹花——国色天香

《牡丹花——国色天香》成品制作与组合的方法

1. 片出花瓣，注意花瓣上薄下厚，将片好的花瓣边缘搓卷起来。

2. 用一块小料修出花心形状，再用小花瓣组装出花心部分。

3. 从里到外依次组装出花朵。

4. 用芋头拼接出圆月并组装在云朵上。

5. 在圆月上组装牡丹并调整整体角度，作品完成。

菊花的制作方法

菊花的制作方法

1. 用大号拉刀拉出菊花花瓣轮廓。

2. 用大号拉刀拉出菊花第一瓣花瓣。

3. 将拉好的花瓣按顺序排列好。

4. 制作菊花蕊。

5 ～ **7.** 用短花瓣粘出花心, 然后从短到长依次粘到花蕊上, 直至成整花。

8. 制作菊花树叶, 粘到菊花底部。

9. 作品完成。

《菊花——晚节黄花》成品组合的制作方法

1. 制作底座。

2. 将第一朵菊花粘到底座上。

3. 制作其余两朵菊花。

4. 将菊花依次组装，略微做些调整，作品完成。

第四章 水产类制作方法

水浪——波浪滚滚

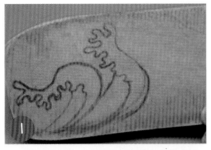

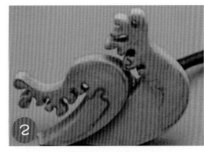

《水浪——波浪滚滚》
成品制作与组合的方法

1. 在南瓜上画出浪花大形。
2. 雕刻并取下浪花。
3. 用主刀将浪花修圆滑。
4. 用砂纸打磨光滑。
5. 用主刀刻出浪花的线条。
6. 雕好的浪花。
7. 将几朵浪花组合在一起，作品完成。

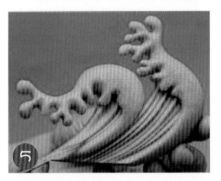

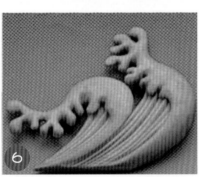

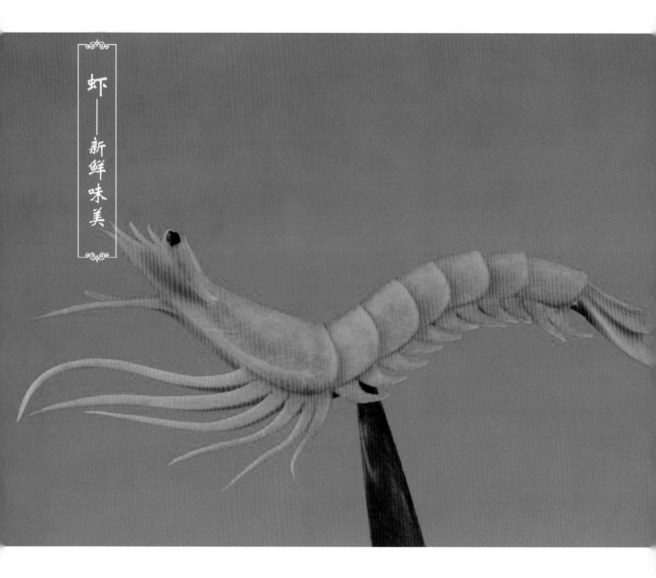

虾——新鲜味美

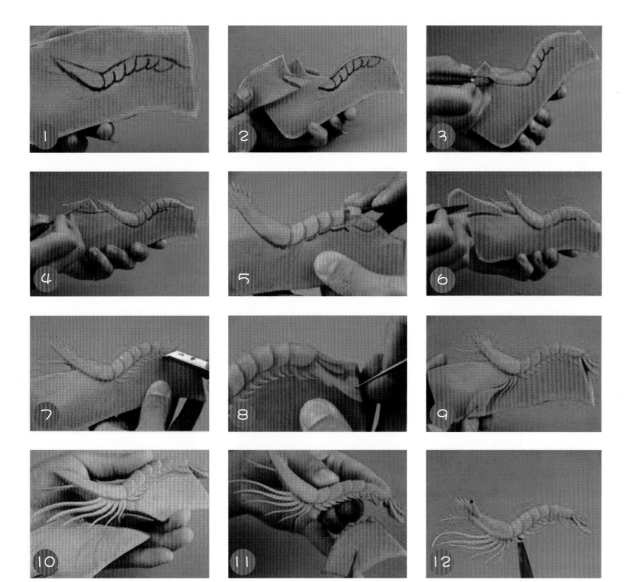

虾的制作方法

1. 在一块南瓜上画出虾体的大形。

2. 将虾头部的位置前扁。

3. 用拉刀拉出虾的头部。

4. 雕出虾形。

5. 将虾身子按虾壳纹理去一块废料，突出立体感。

6. 雕出虾嘴的须。

7. 用 V 型刀戳出腹足。

8. 用主刀雕出尾巴并去掉废料。

9. 用主刀刻出虾的前腿。

10. 去掉前腿的废料。

11. 去掉腹部的废料。

12. 装上眼睛，虾的制作完成。

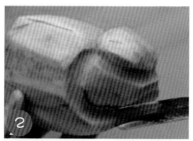
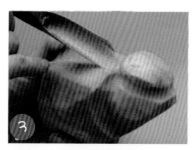

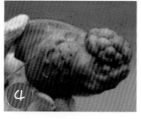

《金鱼——金玉满堂》成品制作与组合的方法

1. 用小号 U 型戳刀戳出鱼脑门的大形。
2. 用中号戳刀戳出鱼鳃的大形。
3. 用大号戳刀戳出鱼体的大形。
4. 鱼头细化并雕刻出鱼鳞。
5. 单独雕刻出鱼的尾巴。
6. 在鱼身体上拼接出鱼尾。
7. 做出胸鳍的大形并组装在金鱼体上。
8. 用芋头拼接出锦屏底座。
9. 在锦屏上可以组装些小水草。
10. 在锦屏上组装荷叶。
11. 再组装上荷花并调整角度，作品完成。

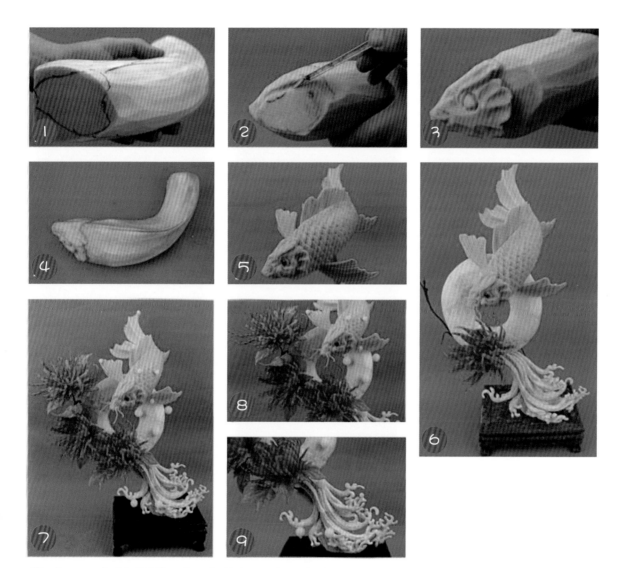

《鲤鱼——鱼跃龙门》成品制作与组合的方法

1. 用南瓜修出鲤鱼的大形。

2. 用小号U型戳刀戳出眉骨大形，并戳出鱼嘴。

3. 用手刀开出鱼鳃，并用小号U型戳刀戳出鱼嘴的线条和眼圈。

4. 用中号U型戳刀戳出背鳍位置，并用拉刀拉出背鳍线条。

5. 另做出鱼鳞、胸鳍与鱼体拼接，并用小号V型刀戳出尾巴、鱼鳍的线条，装上仿真眼。

6. 用芋头拼接出锦屏底座，将做好的鲤鱼组装在底座上，并调整好角度。

7. 在锦屏上组装菊花、叶子、调整角度，作品完成。

8. 花卉与鱼头细节特写。

9. 局部特写。

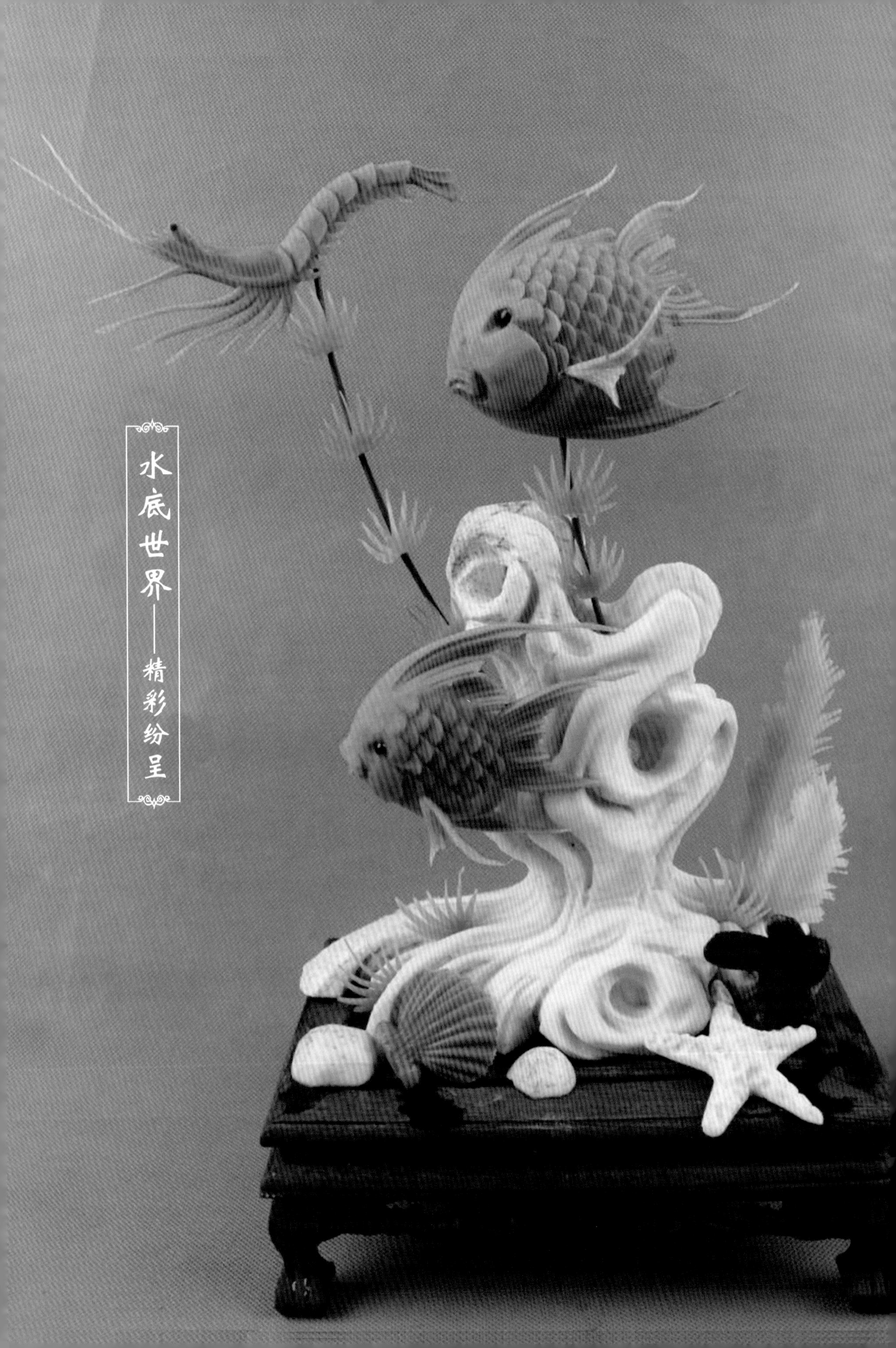

水底世界——精彩纷呈

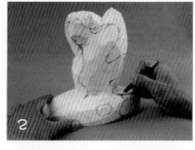

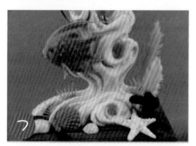

《水底世界——精彩纷呈》成品制作与组合的方法

1. 用芋头拼接假山的大形。

2. 用笔画出假山大概线条。

3. 用戳刀戳出石头的线条。

4. 用拉刀加深线条。

5. 用砂纸将假山打磨光滑。

6. 雕出扇贝、小草并组装在底座上。

7. 雕出海星、水草、神仙鱼组装在假山体上。

8. 另雕一只神仙鱼和虾一起组装，作品完成。

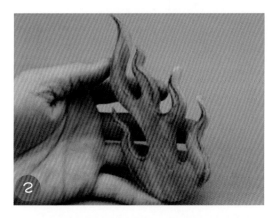

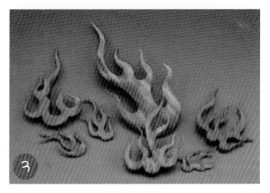

《火焰——生生不息》成品制作与组合的方法

1. 用胡萝卜拼接并用笔画出火焰的形状。

2. 用手刀修出火焰的造型。

3. 雕刻出不同形状的火焰。

4. 单独雕出祥云，将火焰组装在云上。

祥云——祥云瑞气

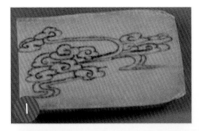
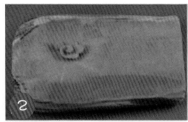
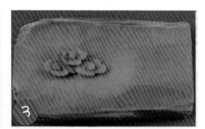

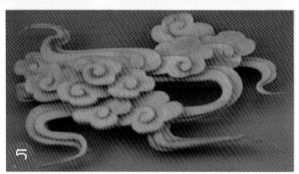

《祥云——祥云瑞气》成品的制作方法

1. 用笔描出云朵的图案。

2. 用手刀雕刻云朵的大形。

3. 用主刀雕刻出三朵相同的大形。

4. 用主刀雕刻出云尾。

5. 作品完成。

喜鹊——喜上眉梢

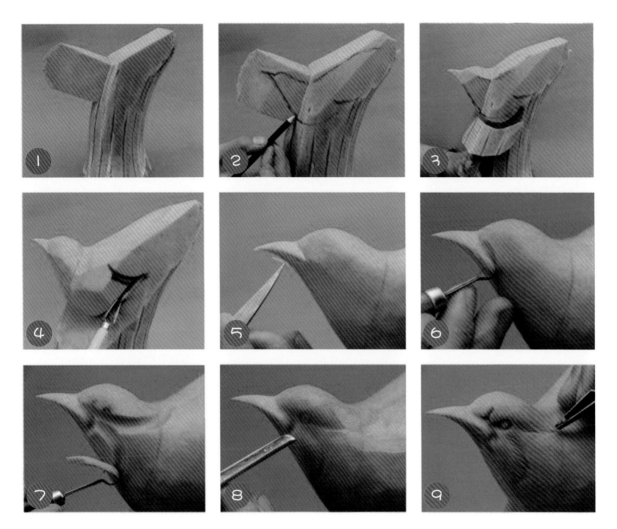

《喜鹊——喜上眉梢》成品制作与组合的方法

1. 拼接一块原料使符合喜鹊形状。

2. 画出喜鹊的大形。

3. 用主刀开出大形。

4. 定出鸟腿的位置。

5. 在鸟嘴去掉一小块料，把鸟嘴的层次分出来。

6. 用拉刀拉出嘴角。

7. 拉出头部和腮部。

8. 用 U 型刀戳出眼睛位置。

9. 用拉刀拉出头部的绒毛。

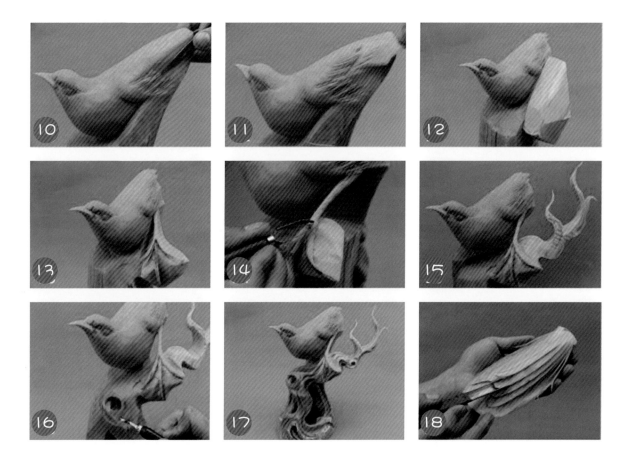

10. 去掉腿部废料，突出腿部绒毛。

11. 去掉尾部废料。

12. 拼接一块料在鸟爪的位置。

13. 开出鸟爪的大形。

14. 拉刀拉出鸟爪的细节。

15. 右鸟爪处拼接一块料，雕出树枝的大形。

16. 用拉刀掏出树洞。

17. 完成树枝线条的制作。

18. 用 U 型刀戳出尾羽。

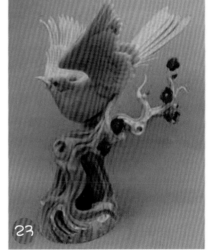

19. 鸟尾雕刻完成。

20. 将鸟尾和翅膀装上。

21. 将另一只翅膀装上。

22. 粘上梅花。

23. 作品完成。

喜鹊头部的制作方法

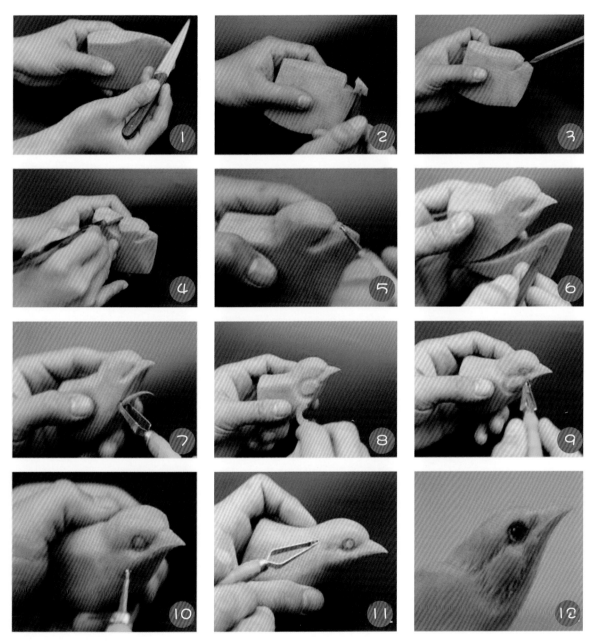

喜鹊头部的制作方法

1. 修出喜鹊头的位置。

2. 修出额头。

3. 用 V 型刀定出嘴角线。

4. 用小号 U 型刀定出头翎的大形。

5. 定出鼻孔。

6. 用平刀定出下嘴和颈部。

7. 用拉刀拉出颈部细节。

8. 用拉刀拉出脸部大形。

9. 用拉刀拉出眼睛。

10. 用拉刀拉出脸部细节。

11. 用拉刀刻出顶冠及脸部绒毛。

12. 装上仿真眼，调整细节。

锦鸡——锦上添花

锦鸡头部的制作方法

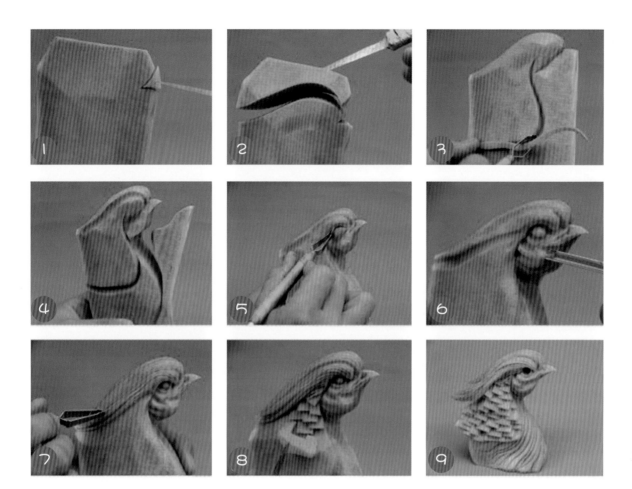

锦鸡头部的制作方法

1. 取一块实心南瓜并定出嘴角。

2. 用手刀定出锦鸡的额头。

3. 用拉刀拉出头翎。

4. 取出下嘴与颈部废料。

5. 用拉刀结合手刀做出锦鸡的眼睛。

6. 用戳刀戳出锦鸡的脸部。

7. 用划浅刀划出头翎的线条并用手刀剔出层次。

8. 用手刀定出方形头翎层次。

9. 装上仿真眼并调整细节。

老鹰——雄鹰展翅

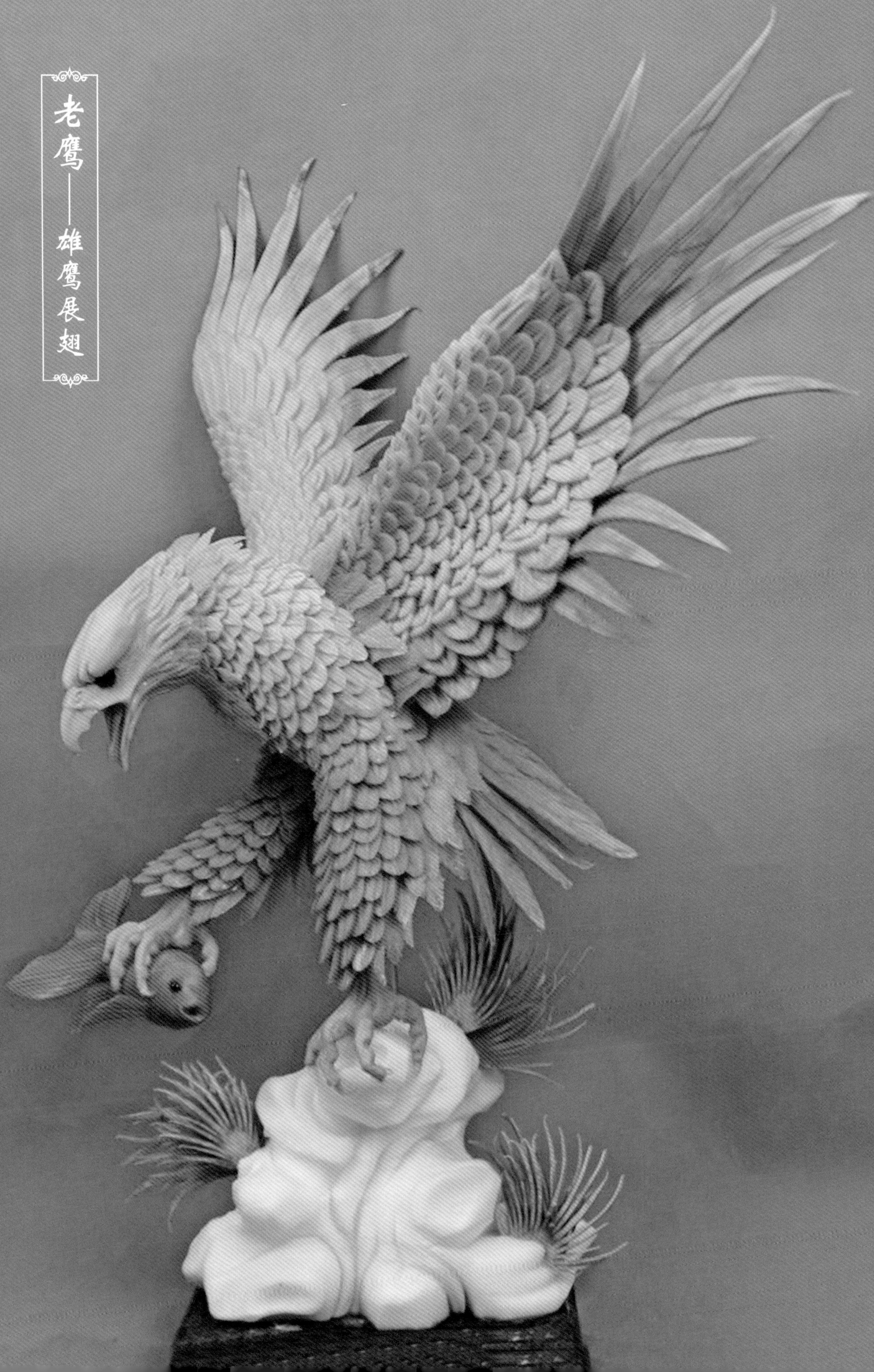

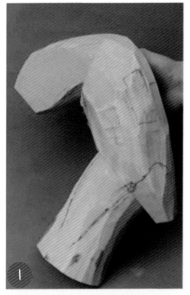
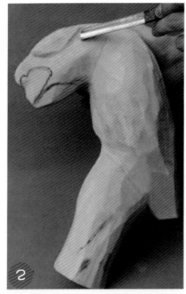
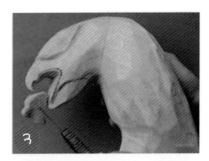

《老鹰——雄鹰展翅》成品制作与组合的方法

1. 用将实心南瓜拼接出老鹰大形。

2. 开出身体大形，并定出头部大形。

3. 定出鹰嘴的宽度，开出上嘴的弧度，沿下嘴定出下颚的弧度。

4. 找出老鹰眼睛的位置并将眼珠修圆做出眼皮和眼角绒毛。

5. 从脖子开始片出羽毛。老鹰的羽毛层次感可以突出一些。

6. 用手刀在片好的羽毛上剔出翎颈，用手刀在羽毛上打出层次。

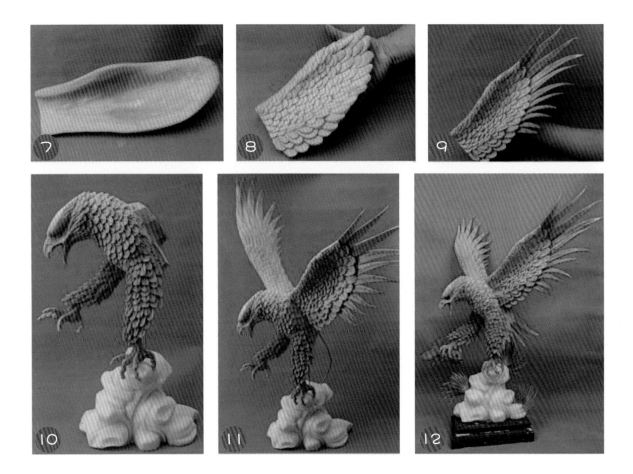

7. 将南瓜修出翅膀的大形，并用砂纸打磨。

8. 用手刀雕刻出翅膀羽毛的层次。

9. 片出羽毛层次，并组装上飞羽。

10. 将老鹰身体组装上山石，可用铁丝固定身体，单独做两只鹰爪，组装在身体上。

11. 组装老鹰翅膀。

12. 组装老鹰尾巴，让爪子抓住单独雕刻的小鲤鱼，装上小草，作品完成。

老鹰头部的制作方法

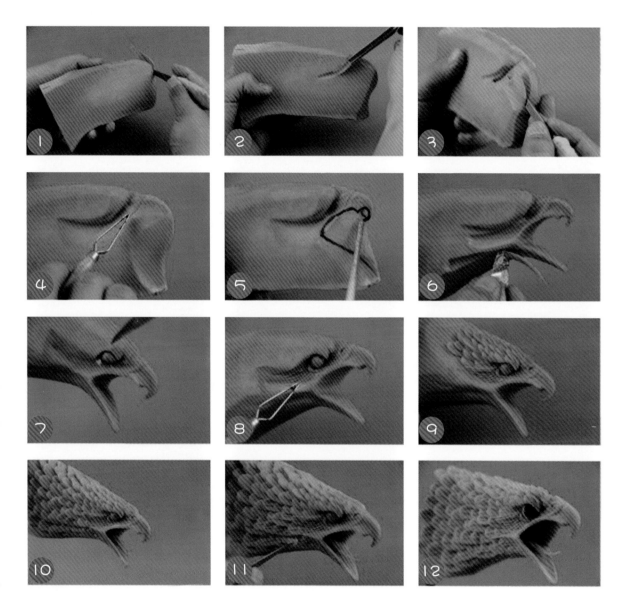

老鹰头部的制作方法

1. 手刀斜刀向下定出一个弧度。

2. 用戳刀先定出老鹰的额头。

3. 定出鹰嘴的宽度。

4. 用拉刀拉出鼻角线。

5. 用笔画出开嘴的弧度并手刀雕刻出鹰嘴。

6. 沿下嘴定出下颚的弧度，并拉出嘴后线。

7. 找出老鹰眼睛的位置并将眼珠修圆。

8. 做出眼皮和眼角绒毛。

9. 从额头开始片出羽毛。

10. 用手刀在片好的羽毛上剔出翎颈。

11. 用手刀在羽毛上打层次。

12. 修饰细节并装上仿真眼。

公鸡——金鸡报晓

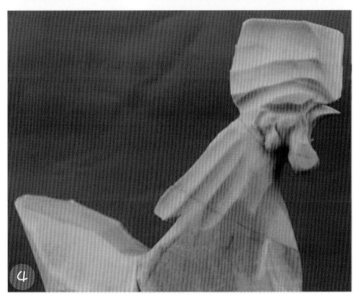

《公鸡——金鸡报晓》成品制作与组合的方法

1. 用实心南瓜拼接出公鸡的大形。
2. 开出嘴部和肉髯的大形。
3. 给头冠和肉髯分出层次。
4. 用戳刀戳出身体羽毛和头冠。
5. 用实心南瓜拼接出尾部的大形。

6. 细致地刻出嘴部和颈部的绒毛。

7. 单独雕出翅膀并且组装在公鸡上。

8. 找一块三角料做出公鸡的爪子，公鸡的爪子可以粗大一些，在公鸡主体上装上爪子。

9. 单独雕出公鸡的尾巴装上，将公鸡组装在假石上，作品完成。

公鸡头部的制作方法

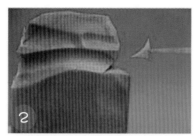

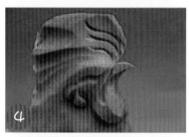
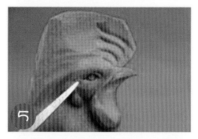
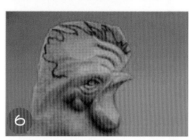

公鸡头部的制作方法

1. 在修出大形的实心南瓜上用拉刀拉出额头与鸡冠的分界线。
2. 用拉刀沿线条定出额头和嘴的分界线。
3. 用拉刀开出肉髯的大形。
4. 用戳刀戳出眼窝的位置，定出耳朵。
5. 用刀找出眼睛的位置，并做出上眼皮。
6. 用笔画出鸡冠的大形。
7. 用主刀修出鸡冠的大形。
8. 用主刀刻出嘴角线。
9. 用主刀结合拉刀做出肉髯的层次。
10. 做出头冠的细节颈毛的层次。

孔雀——孔雀迎宾

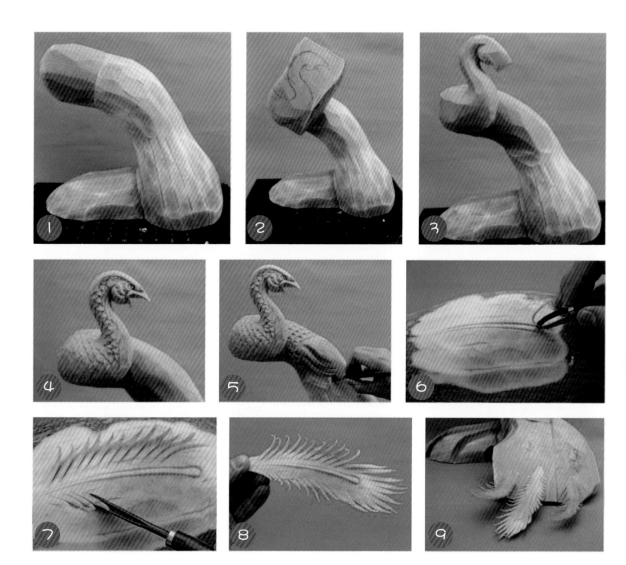

《孔雀——孔雀迎宾》成品制作与组合的方法

1. 选一根有弧度的南瓜，并拼接出足够长的长度。

2. 拼接出头部的料，并画出头部与脖子的大形。

3. 用主刀开出大形，并将脖子和身子削圆滑。

4. 雕出头部细节。

5. 用拉刀拉出腿部细节。

6. 开始制作尾羽，用拉刀拉出两条弧度线。

7. 用 V 型木刻刀戳出两侧羽毛。

8. 取下足羽。

9. 将尾羽从底部向上粘。

10. 依次将尾羽粘完。

11. 组装翅膀与爪子。

12. 组装另一只翅膀与花。

13. 粘上树叶，插上头翎，作品完成。

孔雀头部的制作方法

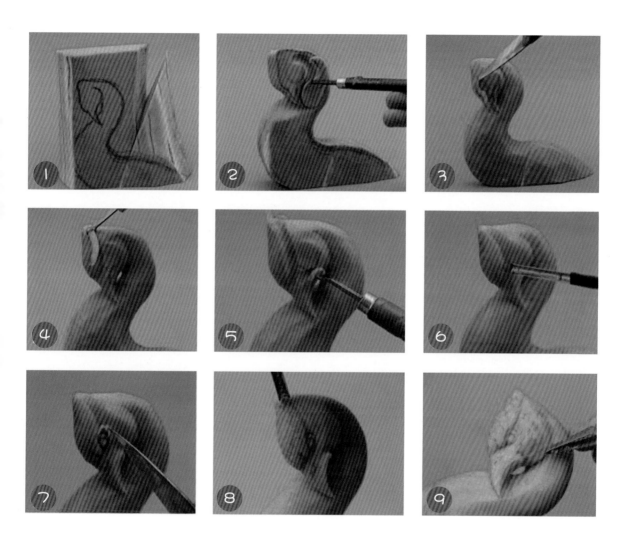

孔雀头部的制作方法

1. 先在南瓜上画出头部大形。
2. 用拉刀拉出嘴部与脖子的分界处。
3. 用主刀修圆棱角。
4. 用拉刀拉出头部位置。
5. 用拉刀拉出嘴角。

6. 用 U 型刀戳出眼睛。
7. 用主刀修出双眼皮。
8. 用 U 型刀戳出头部鳞片。
9. 拉出腮部绒毛。

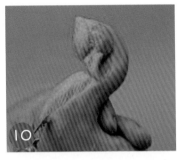

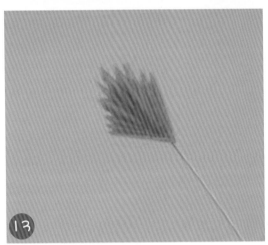

10. 拉出脖子上的绒毛。

11. 刻出鳞片。

12. 用 X 型刀戳出羽筋。

13. 单独雕出头翎。

14. 将头翎安装在顶部。

凤凰——凤戏牡丹

《凤凰——凤戏牡丹》成品制作与组合的方法

1. 片出一块长形薄料，用拉刀拉出尾巴的羽毛。

2. 用手刀片出尾巴的大形。

3. 另在一块新料上拉出身体的大形。

4. 将雕刻好的尾巴组装在凤凰身上。

5. 在凤凰下方组装上底座。

6. 做出凤冠粘接在头上。

7. 调整细节，作品完成。

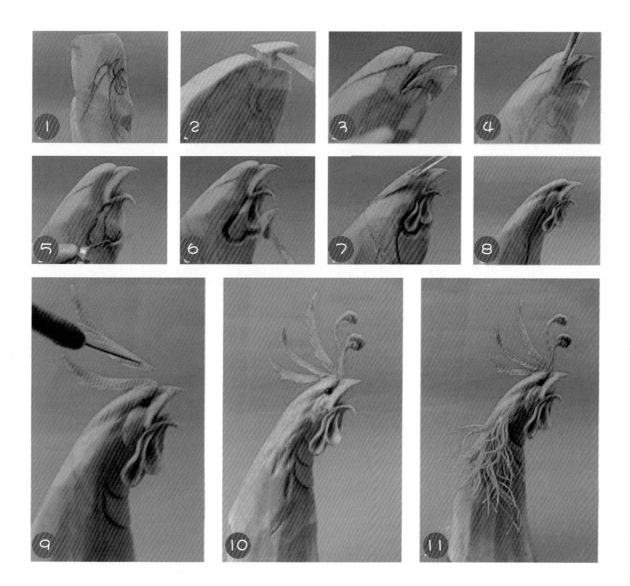

凤凰头部的制作方法

1. 切一块实心料，画出凤凰的头部线条。
2. 用手刀定出凤凰额头。
3. 用手刀定出凤凰嘴巴。
4. 用 U 型戳刀戳出嘴角大形。
5. 用拉刀定出肉髯。
6. 修出肉髯的大形。
7. 戳出额头的大形。
8. 做出眼睛和脸部花纹。
9. 粘出头部羽毛。
10. 取一小块薄料做出凤凰冠并粘接在头上。
11. 单独做一些纤羽粘上。

鸟翅——展翅高飞

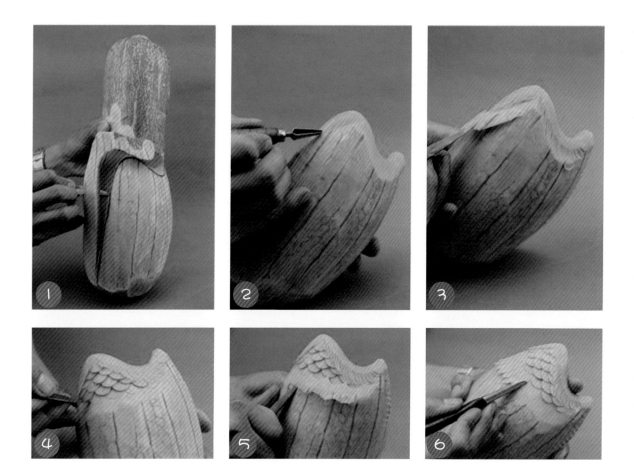

《鸟翅——展翅高飞》成品的制作方法

1. 开出翅膀弧并去掉废料。
2. 用拉刀拉出绒毛。
3. 去掉毛下废料突出绒毛。
4. 用主刀刻出鱼鳞片。
5. 去掉鳞下废料。
6. 用U型刀戳出短羽。

7. 用主刀削去羽下废料，突出层次。

8. 戳出第二层飞羽。

9. 用拉刀拉出羽毛上的羽筋。

10. 雕出翅膀内侧的鱼鳞片。

11. 戳出内侧的短羽，取掉多余的原料。

12. 翅膀完成。

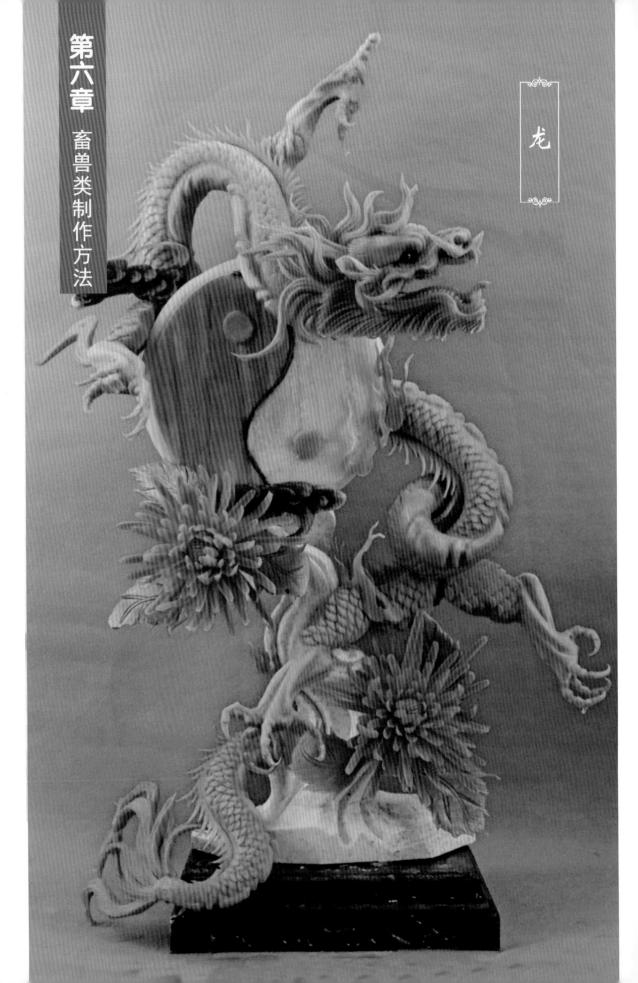

龙

《龙》成品制作与组合的方法

1. 单独雕刻出屏风，开出龙的上半身大形，做细致处理。

2. 用梭刀、拉刀、主刀雕刻出龙身的中部并组装在屏风上。

3. 细致地雕刻出石头，调整好角度组装在龙身上。

4. 做出龙爪、毛发和龙鳍，组装在龙身上。

5. 用胡萝卜雕刻出菊花，组装在屏风上。

龙头部的制作方法

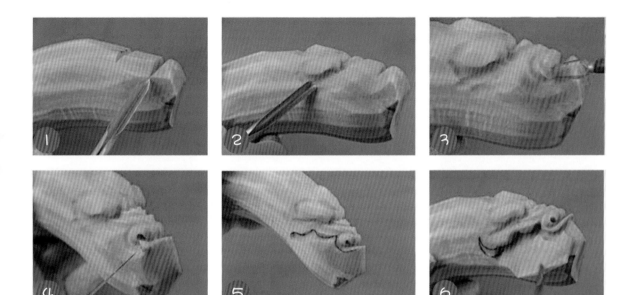

龙头部的制作方法

1. 从南瓜中取一段实心料切成前窄后宽，用戳刀戳出鼻子与眉心的分界。

2. 戳出眼睛的大形并取出鼻子。

3. 做出眉心和鼻头的大形。

4. 用手刀开出鼻孔。

5. 用笔画出唇线。

6. 用手刀划出唇线并取出废料。

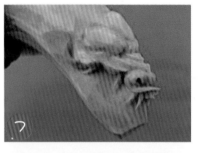
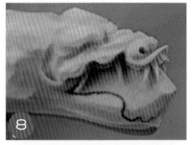

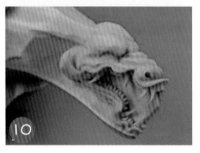

7. 别出上牙，并取下废料。

8. 用笔勾勒出下嘴唇。

9. 别出下唇线并取下废料。

10. 取出下唇线和牙齿，将牙齿打圆，并雕刻出咬肌。

11. 单独雕好耳朵、眉毛并组装在龙头上。

12. 做出龙角，组装在脑门上，做出毛发并组装在龙头上即可。

龙爪的制作方法

龙爪的制作方法

1. 取出实心的南瓜，用笔画出龙爪的大形。

2. 雕刻出龙爪的大形。

3. 将雕刻好的枝头装在龙爪上。

4. 在腿部刻出火焰并取出废料。

5. 在腿部刻出鳞片。

6. 拼接上腿毛和爪尖。

7. 将雕刻好的小火球装上即可。

龙尾的制作方法

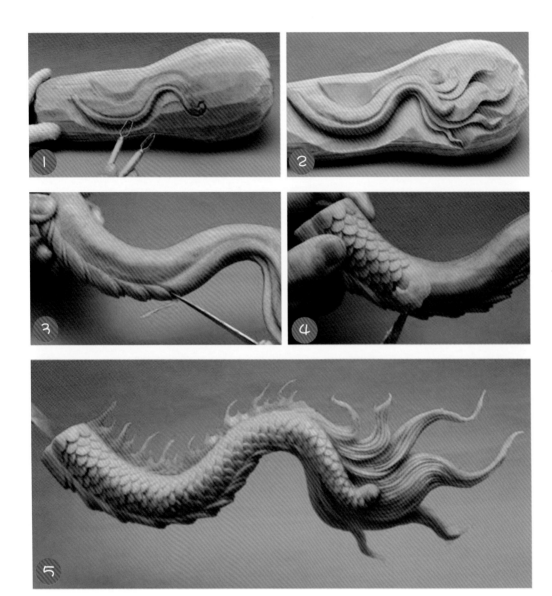

龙尾的制作方法

1. 取出实心的南瓜，用拉刀拉出"S"形的龙尾大形。

2. 用手刀雕刻龙尾并取出废料。

3. 用砂纸打磨并用手刀雕刻出龙的腹部。

4. 用手刀雕刻龙鳞。

5. 雕刻出全身鳞片并雕出背鳍，组装在龙身上。

麒麟

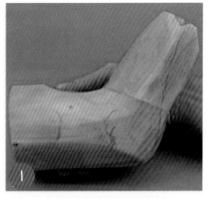
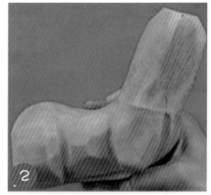
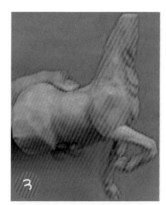
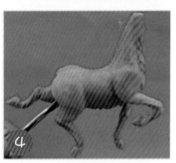

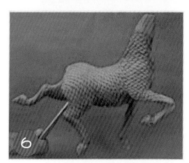

《麒麟》成品制作与组合的方法

1. 用实心南瓜拼接出麒麟的身体大形。

2. 用戳刀戳出麒麟的肚皮。

3. 做出前腿并组装。

4. 拼接另外两条腿并将身体细化，用砂纸打磨圆润。

5. 雕刻出部分鳞片。

6. 雕刻出全身鳞片。

7. 将雕刻好的麒麟组装在云彩上，并调整好角度。

8. 装上龙头并调整好角度。

9. 给雕好的麒麟装上背鳍、尾巴、玉书，作品完成。

鹿

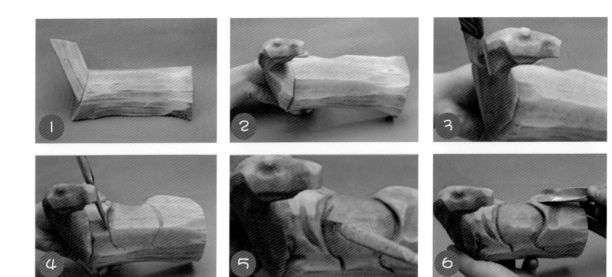

鹿的制作方法

1. 用实心南瓜拼接出鹿的身体。
2. 用戳刀定出脖子与身体的分界线以及鹿的背部。
3. 用中号戳刀戳出前额。
4. 定出前额的宽度。
5. 用拉刀拉出鹿的肚皮。
6. 用中号戳刀戳出鹿的臀部。

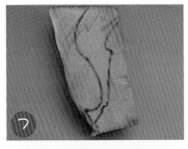
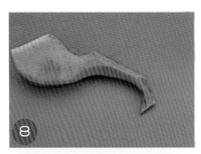

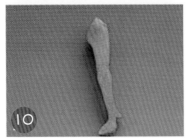
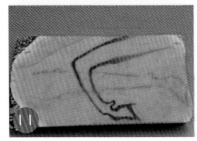

7. 另找一块料用铅笔画出弯的后腿。

8. 用手刀刻出后腿。

9. 另找一块料用笔画出直的前腿。

10. 用手刀刻出直的前腿。

11. 另找一块料画出收回的前腿并用手刀刻出。

12. 接出两条前腿，接出后腿，用手刀开出后腿大形，可以用笔先描出。

13. 将身体细化。

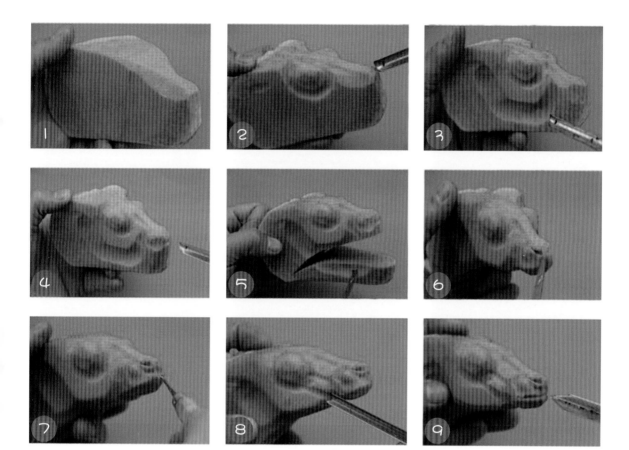

鹿头部的制作方法

1. 取一原料，定出鹿头所需宽度。
2. 从鹿头的鼻梁开始往后定出眼包。
3. 用戳刀沿嘴斜下向后戳出鹿头的脸部。
4. 用戳刀戳出鼻子位置。
5. 用手刀定出下巴。
6. 用手刀定出鼻孔。
7. 用拉刀定出鼻翼。
8. 将脸部的大概结构用戳刀戳出。
9. 用小号 V 型戳刀戳出嘴部，做出嘴部分界线。

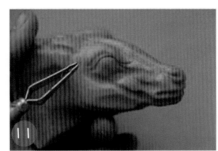

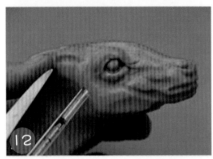

10. 用拉刀拉出鹿头的咬肌。

11. 用拉刀拉出眼睛的大形。

12. 用戳刀戳出脸部的细致结构。

13. 用砂纸抛光细节。

14. 雕出两只鹿角大形并拼接在头顶。

15. 装上耳朵和仿真眼，作品完成。

羊

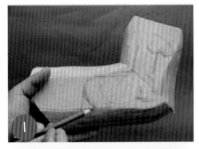 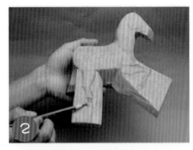 

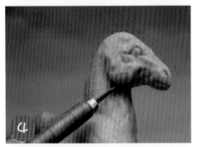  

《羊》成品制作与组合的方法

1. 拼接原料并画出身体大形。

2. 画出腿的大形。

3. 用主刀去掉废料，修出身体大形。

4. 用拉刀做出头部细节。

5. 粘上尾巴。

6. 粘上雕好的羊角。

7. 用拉线刀刻画出身体的线条。

8. 将雕好的羊与假山组装在一起。

9. 作品完成。

羊头部的制作方法

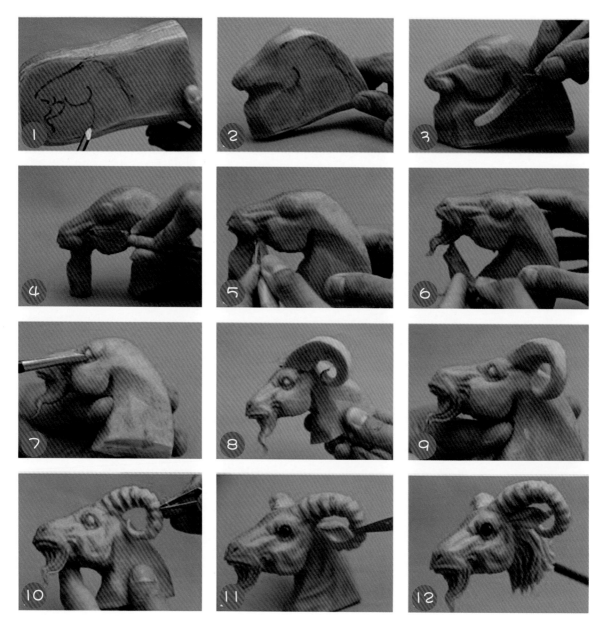

羊头部的制作方法

1. 在南瓜上画出羊头的大形。

2. 用主刀开出头部，并修整好弧度。

3. 用拉刀拉出腮部。

4. 雕出脸部细节。

5. 用拉刀拉出嘴部与腮部之间的纹路。

6. 预留出羊胡须的位置。

7. 用 U 型刀戳出眼睛的形状。

8. 粘上单独刻好的羊角。

9. 用主刀刮出胡须的线条。

10. 用拉刀拉出羊角的细节。

11. 粘上耳朵和羊角。

12. 作品完成。

牛

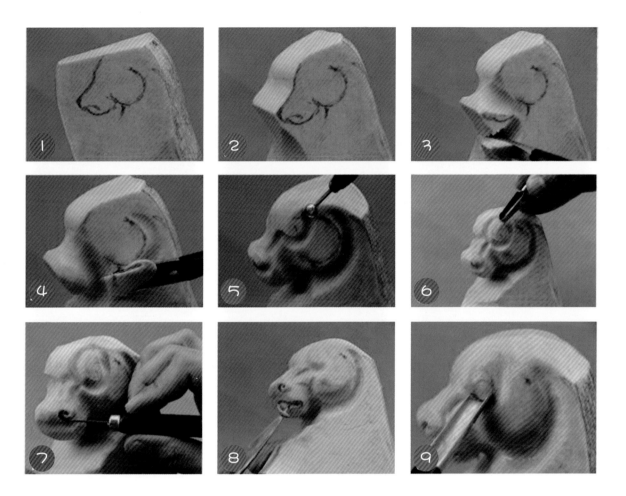

牛头部的制作方法

1. 先画出牛头大形。

2. 用主刀开出头部形状。

3. 用 U 型刀戳出下巴位置。

4. 用 U 型刀戳出腮部。

5. 用拉刀定出眼部。

6. 用拉刀拉出眼包。

7. 掏空鼻孔。

8. 用主刀修出嘴层次。

9. 用 U 型刀戳出眼睛。

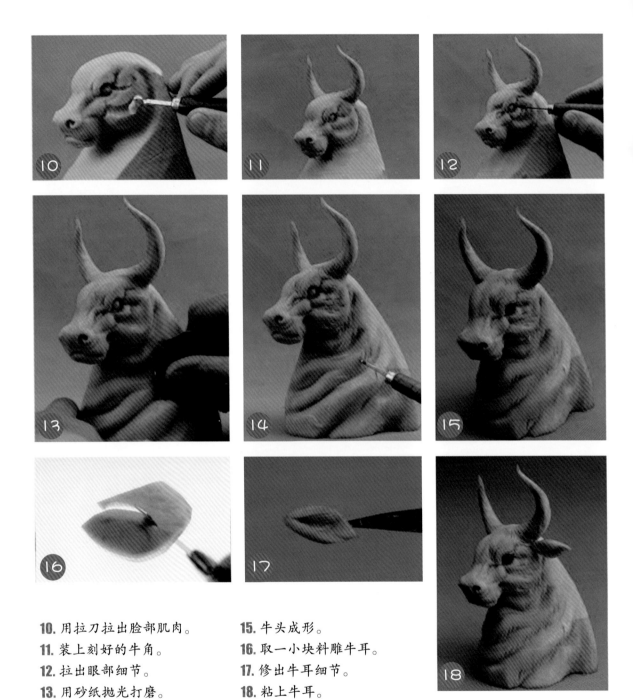

10. 用拉刀拉出脸部肌肉。

11. 装上刻好的牛角。

12. 拉出眼部细节。

13. 用砂纸抛光打磨。

14. 用拉刀拉出牛毛。

15. 牛头成形。

16. 取一小块料雕牛耳。

17. 修出牛耳细节。

18. 粘上牛耳。

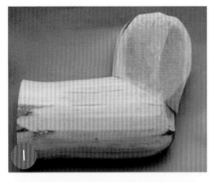
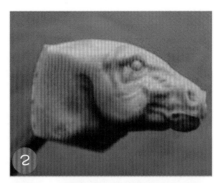

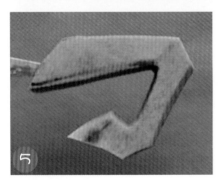
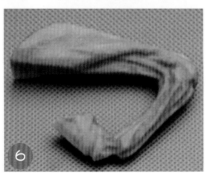

马的制作方法

1. 用实心南瓜拼接出马的身体大形。

2. 提前雕刻出马头。

3. 用手刀将背部修薄，并用戳刀戳出前须与脖子的交界。

4. 用戳刀定出身体的宽度，并修出肚皮宽度。

5. 单独做出马蹄。

6. 用拉刀细化马蹄的结构和肌肉。

7. 将开好的前蹄拼接在马身上。

8. 用戳刀结合拉刀细致地定出身体的结构和肌肉。

9. 做出毛发，并组装在马脖子上，组装马尾。

10. 组装小草，调整角度。

马头部的制作方法

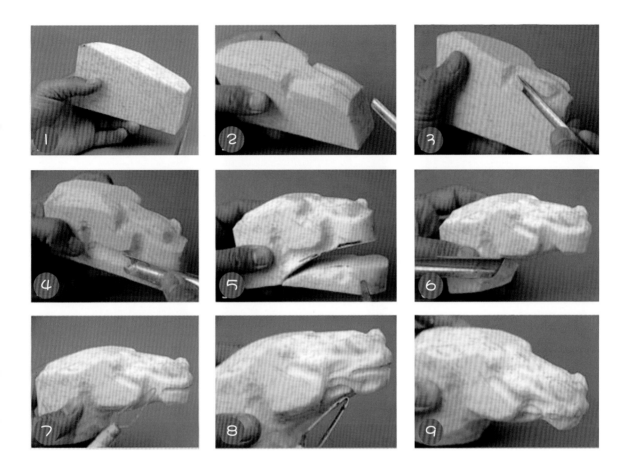

马头部的制作方法

1. 取一块香芋切出马头所需的厚度。

2. 用戳刀向后定出眼眶。

3. 用戳刀戳出鼻子的轮廓。

4. 从鼻头下方斜刀向后定出脸部。

5. 用主刀定出下巴。

6. 用戳刀戳出脸部的肌肉。

7. 用拉刀拉出嘴部。

8. 用拉刀拉出嘴部与咬肌各自的宽度。

9. 用拉刀拉出咬肌的细节。

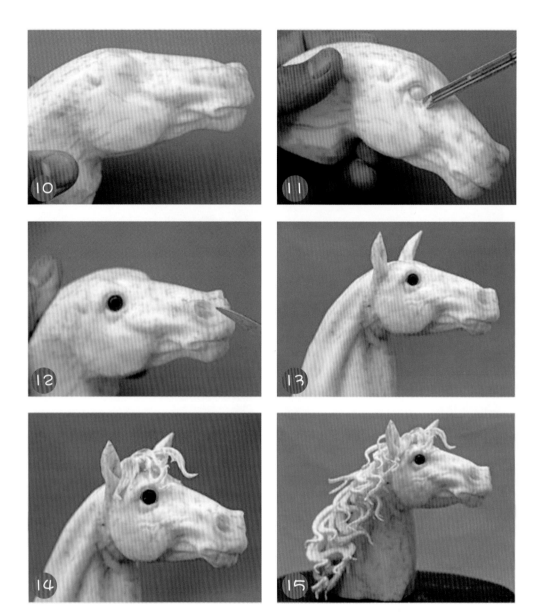

10. 用砂纸抛光。

11. 戳出眼肌并装上仿真眼。

12. 用手刀剔出鼻孔。

13. 装上刻好的耳朵。

14. 细修脸部，并做出毛发。

15. 将做好的毛发组装在马头上。

渔翁

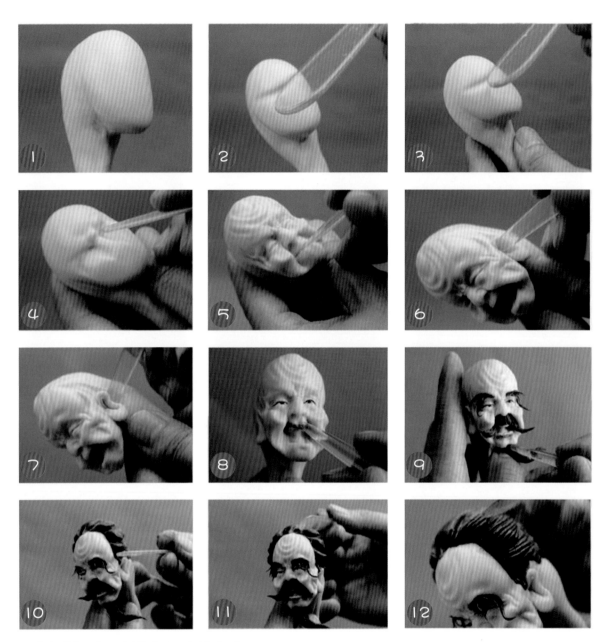

《渔翁》成品制作与组合的方法

1. 用面团塑出头部大小形状。

2. 用大号面塑刀塑出额头位置。

3. 用大号面塑刀塑出人物鼻子位置。

4. 用小号面塑刀塑出眼睛部位。

5. 用小号面塑刀把嘴巴位置塑出来。

6. 取一小团原料塑出耳朵。

7. 把人物两边耳朵塑好。

8. 取红色面团做出嘴唇。

9. 用黑色面团把胡须做好。

10. 用黑色面团把头发大形做好。

11. 用面塑刀把头发细分好。

12. 用面塑刀细塑，将每根头发形状做出来。

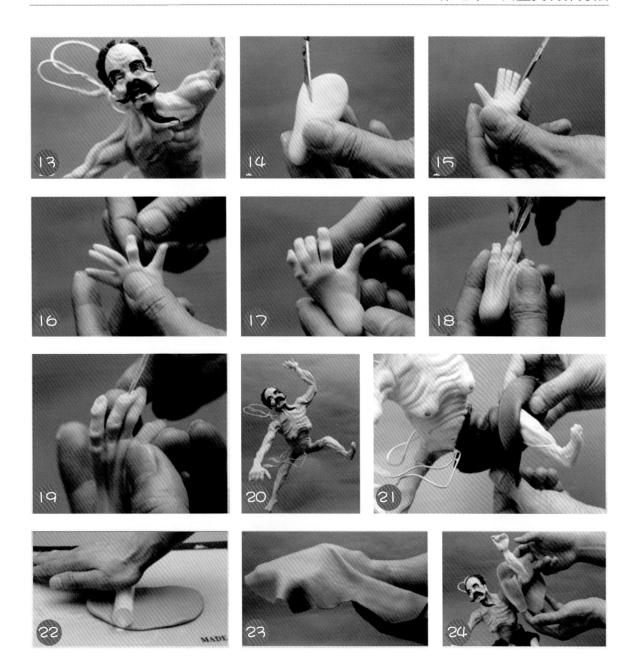

13. 把渔翁头部装在身体上用面粘好。
14. 取一块肉色面做出手的大小。
15. 再用剪刀把五只手指分出来。
16. 用手捏出手关节的大小。
17. 把每只手指大小粗细用手捏整齐。
18. 用小号面塑刀细刻出手指的纹路。

19. 用小号面塑刀细刻出指甲的形状。
20. 把渔翁身体形状塑出来。
21. 用调好颜色的面团把裤子做出来并压好纹路。
22. 取调好颜色的面团放在不粘板上用擀面杖压扁。
23. 把衣服压薄。
24. 把压好的面装细刻出衣纹。

25. 取一面团压扁做渔翁披风并细刻出纹路。

26. 用调好色的面团压扁做飘带装好。

27. 把渔翁叉做好并装上。

28. 取调好颜色的面团做出鱼及水浪。

29. 把整个渔翁形状做好并固定好。

30. 把做好的渔翁及鱼组装在一起即可。

关公

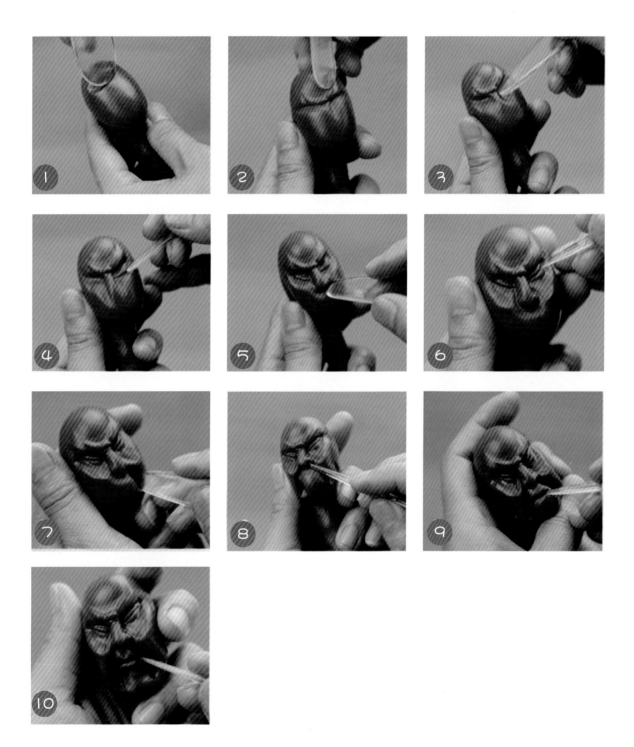

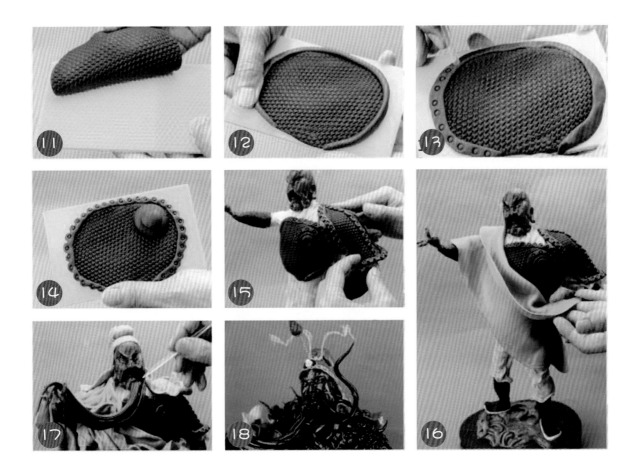

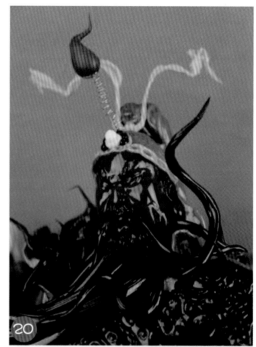

本实例制作由学生看图完成。

达摩

第八章 果酱类制作方法

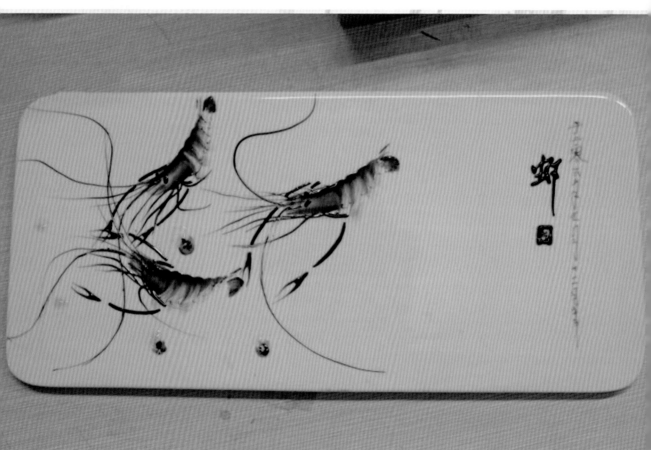

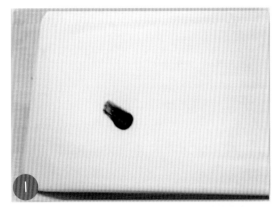
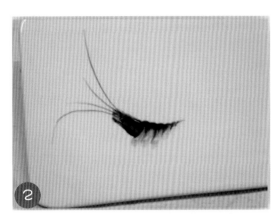

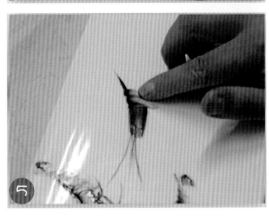

《虾——虾趣》成品的制作方法

1. 黑色果酱点上点，用食指指尖轻压着往前推，呈现水滴状。

2. 画出虾的须；画出虾背，用指腹依次抹出虾节。

3. 画出虾钳（注意钳子形状前面粗后面细）。

4. 画出另一只虾头。

5. 画出虾尾。

6. 画出虾的眼睛。

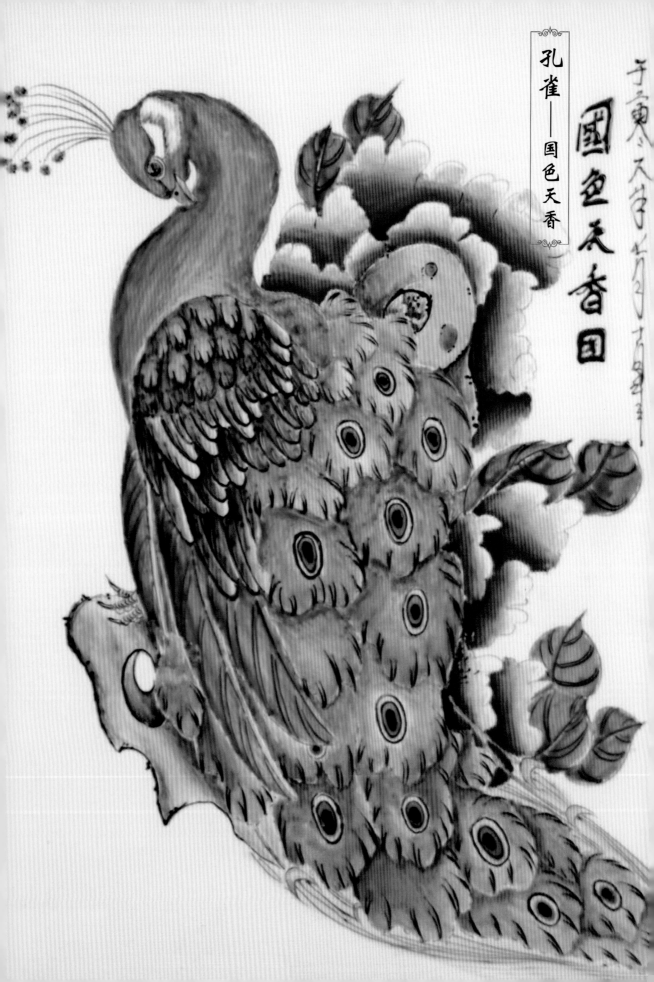

孔雀——国色天香

国色天香团

《孔雀——国色天香》的制作方法

1. 画出孔雀头部。

2. 画出孔雀的大形。

3. 画出山石。

4. 给孔雀头部上色。

5. 给身体上色。

6. 给孔雀翅膀上色。

7. 给身体尾部上色。

8. 完成装饰。

牡丹——牡丹花开

花开

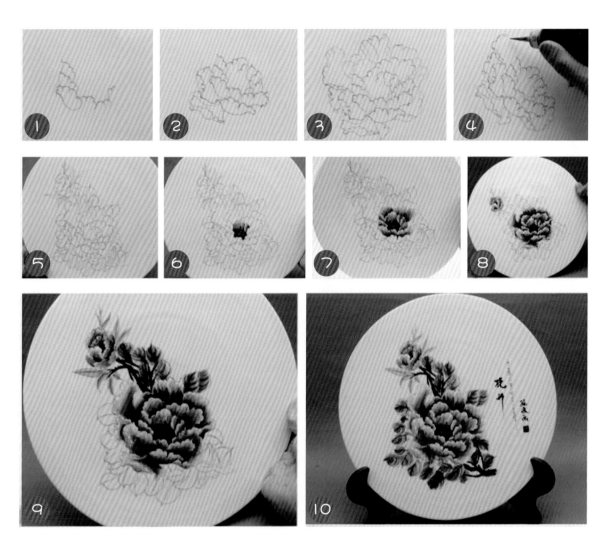

《牡丹——牡丹花开》成品的制作方法

1. 定出花心，花瓣大小有致，线条流畅无定点。

2. 描出外围花瓣，每两瓣之间有一瓣。

3. 最外围与两侧的花瓣可翻卷一些。

4. 画出剩余花瓣。

5. 再画一只小一些的花并用黑色果酱定出枝干。

6. 花心用粉色打底，黑色加深，白色果酱定出花蕊。

7. 花瓣上色下深上浅。

8. 底部用粉红打底，深红加深，白色上色边缘，形成渐变色。

9. 叶子用绿色打底，黑色加深。

10. 枝干用巧克力打底，黑色加深即可。

锦鸡——前程似锦

前程似锦

庚子八年四月二十五日绘

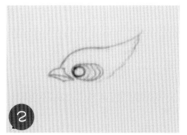

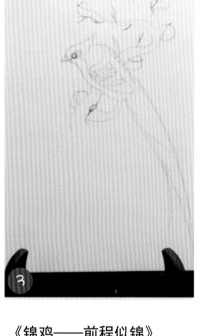

《锦鸡——前程似锦》
成品的制作方法

1. 定出嘴巴与眼睛头部，嘴巴略带弧度。

2. 在眼睛后方画出脖子，依次定出两层短羽一层长羽，相互交叉。

3. 在翅膀后下方定出尾巴，并画出树枝。

4. 淡黄色打底，用巧克力加深头部。

5. 后面翅膀的羽毛用浅色打底，深色加深，黑色定型。

6. 尾毛用橙黄打底，用巧克力加深，并用黑色画出纹路。

7. 完成装饰。

天鹅

蘑菇

玫瑰

葫芦

竹

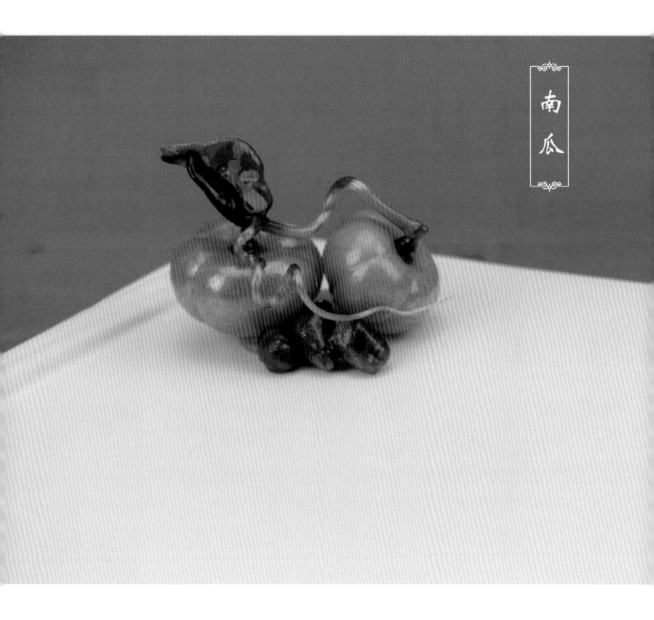

南瓜

反侵权盗版声明

电子工业出版社依法对本作品享有专有出版权。任何未经权利人书面许可，复制、销售或通过信息网络传播本作品的行为；歪曲、篡改、剽窃本作品的行为，均违反《中华人民共和国著作权法》，其行为人应承担相应的民事责任和行政责任，构成犯罪的，将被依法追究刑事责任。

为了维护市场秩序，保护权利人的合法权益，我社将依法查处和打击侵权盗版的单位和个人。欢迎社会各界人士积极举报侵权盗版行为，本社将奖励举报有功人员，并保证举报人的信息不被泄露。

举报电话：（010）88254396；（010）88258888

传　真：（010）88254397

E-mail：　dbqq@phei.com.cn

通信地址：北京市万寿路南口金家村 288 号华信大厦

电子工业出版社总编办公室

邮　编：100036